ISMAEL SADOU

ARROZ

ISMAEL SADOU

ARROZ

ZONA SUDANO-SAHELIANA DOS CAMARÕES (EXTREMO NORTE)

ScienciaScripts

Imprint
Any brand names and product names mentioned in this book are subject to trademark, brand or patent protection and are trademarks or registered trademarks of their respective holders. The use of brand names, product names, common names, trade names, product descriptions etc. even without a particular marking in this work is in no way to be construed to mean that such names may be regarded as unrestricted in respect of trademark and brand protection legislation and could thus be used by anyone.

Cover image: www.ingimage.com

This book is a translation from the original published under ISBN 978-613-9-54197-3.

Publisher:
Sciencia Scripts
is a trademark of
Dodo Books Indian Ocean Ltd. and OmniScriptum S.R.L publishing group

120 High Road, East Finchley, London, N2 9ED, United Kingdom
Str. Armeneasca 28/1, office 1, Chisinau MD-2012, Republic of Moldova, Europe
Managing Directors: Ieva Konstantinova, Victoria Ursu
info@omniscriptum.com

Printed at: see last page
ISBN: 978-620-8-51303-0

ÍNDICE

INTRODUÇÃO

O arroz (Oryza sativa L.) é o alimento básico de mais de metade da população mundial (FAO, 2013). De acordo com o Departamento de Agricultura dos Estados Unidos (USDA) (2014), foram estabelecidos recordes tanto na produção global de arroz, com 465,6 milhões, como no consumo, com 468,7 milhões, em 2013 (USDA, 2014).

De acordo com a FAO (2013), o consumo mundial de arroz deverá aumentar entre 2012 e 2023 um pouco mais de 1% por ano, contra 1,7% nos anos 90 e 2010. Prevê-se que o consumo médio per capita aumente ligeiramente em relação ao período de referência, para 58,2 kg por pessoa (FAO, 2013).

Em África, o aumento da produção pode ser conseguido aumentando a área cultivada e melhorando os rendimentos. Nos Camarões, a produção nacional de arroz está estimada em 311 674 toneladas de arroz em casca cultivado em 44 000 ha, cobrindo apenas 38% das necessidades (FAO, 2013). Como resultado, as importações aumentaram de 21.000 toneladas em 1975 para 728.443 toneladas em 2017, apesar do potencial do país, daí a necessidade de aumentar a produção para reduzir as importações particularmente caras (FAO, 2017).

A produção da Société d'Expansion et de Modernisation de la Riziculture de Yagoua (SEMRY) cobre uma área de 11.518 hectares, representando mais de metade das terras irrigadas e fornecendo pelo menos 90% da produção nacional (FAO, 2013). A cultura do arroz em África está sujeita a um certo número de constrangimentos que dificultam seriamente a produção. Existem dois tipos de obstáculos: obstáculos abióticos (solo e clima) e obstáculos bióticos: insectos, ervas daninhas, doenças, aves, nemátodos e roedores (Heinrichs et al., 2004). As pragas de insectos do arroz constituem um dos principais grupos de agentes biológicos que limitam a produção de arroz nos Camarões (Nacro, 2014). As principais espécies de insectos pragas normalmente encontradas no arroz dividem-se em várias ordens (WARDA, 2016). No entanto, de acordo com Nacro (2014), quatro (4) ordens destacam-se como sendo as mais importantes. Estas são Lepidoptera, Isoptera, Coleoptera e Diptera, que causam danos consideráveis aos campos de arroz (Vaissayre, 2007). Nos Camarões, os ataques de pragas são uma das razões para os baixos rendimentos. As perdas de rendimento podem atingir os 30% para o arroz de sequeiro e o total para o arroz de planície (Dakouo e Nacro, 2012).

A utilização de insecticidas químicos foi privilegiada para fazer face a estes grandes e diversos grupos de pragas (Vaissayre et al., 2006). Logo que surgiram, os insecticidas sintéticos atraíram a atenção devido à sua eficácia e aos benefícios imediatos que traziam (Crétenet et al., 2015). De um modo geral, o aparecimento dos pesticidas permitiu travar a ação das pragas e foi visto como uma panaceia antes de ser interrompido (Guèye, 2012).

A utilização excessiva de pesticidas sintéticos encorajou as pragas a habituarem-se a eles e a desenvolverem resistência (Vaissayre et al., 2006). Os pesticidas tornaram-se também um motivo de preocupação em termos de saúde pública, ambiente e perda de biodiversidade (Multigner, 2005, Adam et al., 2010).

Por todas estas razões, as partes interessadas no sector do arroz nos Camarões estão cada vez mais interessadas em métodos de controlo alternativos e amigos do ambiente, tais como extractos de plantas com um efeito inseticida. Muitos trabalhos neste domínio demonstraram a eficácia dos extractos de plantas (El Hadj et al., 2006; Gbedomon et al., 2012; Fayalo et al., 2014; Tamgno et al., 2014). Por conseguinte, pareceu adequado centrar este estudo em extractos de plantas, incluindo o neem. As Meliaceae estão entre as plantas mais amplamente testadas pelo seu efeito de contacto, e o neem é sem dúvida a espécie mais estudada neste contexto (Facknath, 2006). Os produtos extraídos do neem provaram ser eficazes contra mais de 400 espécies de artrópodes parasitas das culturas e nemátodos (Bélanger e Musabyimana, 2005). O controlo utilizando biopesticidas como o extrato aquoso de sementes de neem dá um contributo notável para a ciência ambiental moderna ao realçar a necessidade de equilíbrio na natureza (Facknath, 2006). Inclui todos os métodos que reduzem o incómodo das pragas do arroz, excluindo os pesticidas químicos e os métodos de controlo que reduzem diretamente as populações de pragas presentes no arroz. Vários estudos avaliaram o potencial das plantas pesticidas tradicionalmente utilizadas em África. As suas conclusões são interessantes: muitas plantas têm um efeito real sobre as pragas das culturas (Bélanger e Musabyimana, 2005).

Isto é particularmente verdadeiro no caso do neem (Azadirachta indica), uma árvore originária da Índia cujas folhas e sementes têm propriedades insecticidas, antifúngicas e vermífugas (Bélanger e Musabyimana, 2005). A aplicação de extractos de nim nas culturas de tomate pode reduzir a gravidade das infecções fúngicas, limitar a eclosão de ovos de lepidópteros e modificar a fecundidade e o comportamento de certos insectos (Gbedomon et al., 2012). As populações de lagartas e de pulgões são mais baixas nas parcelas tratadas desta forma do que noutras. Resultados semelhantes podem ser obtidos com outras plantas, como as substâncias picantes extraídas da pimenta da Guiné (Xylopia aethiopica), da mostarda preta (Sinapsis nigra) e do tabaco (Nicotiana tabacum) (Facknath, 2006). Nas parcelas tratadas com estes extractos, as populações de escaravelhos, moscas brancas e tripes são reduzidas de 61 a 78% (Facknath, 2006). A erradicação não é total, mas os rendimentos são equivalentes aos obtidos nas parcelas tratadas com insecticidas de síntese. Além disso, estes efeitos podem ser reforçados pela mistura de extractos de diferentes espécies de plantas pesticidas.

Finalmente, algumas espécies, como as que pertencem ao género Ocimum (que inclui o manjericão), têm a vantagem de possuir não só propriedades pesticidas, mas também propriedades medicinais, e podem também ser consumidas como vegetais de folha ou especiarias. Esta versatilidade torna-as muito mais atractivas (Facknath, 2006). As plantas pesticidas não eliminam todas as pragas, mas mantêm as suas populações abaixo do limiar de incómodo, ao mesmo tempo que oferecem muitas vantagens em relação aos pesticidas sintéticos (Bélanger e Musabyimana, 2005). Geralmente menos perigosos para a saúde, os extractos de plantas pesticidas decompõem-se rapidamente no ambiente, o que reduz o risco de poluição ambiental e melhora a saúde dos produtos cultivados. Cultivadas em associação, as plantas pesticidas ajudam a manter o equilíbrio entre as pragas das culturas e os auxiliares animais associados. Em alguns casos, estes produtos naturais podem ser utilizados para aumentar os rendimentos, com uma relação custo-benefício semelhante à dos pesticidas sintéticos (Bélanger e Musabyimana, 2005). No entanto, para realizar todo o seu potencial, é ainda necessário ultrapassar uma série de barreiras.

A primeira diz respeito à sua aceitação pelos agricultores, que consideram que a sua utilização é demasiado restritiva (tempo necessário para produzir os extractos, número de tratamentos necessários, especificidade limitada dos extractos, variabilidade dos resultados, etc.). Os seus efeitos sobre os agentes de proteção das culturas (joaninhas, por exemplo) não são bem conhecidos. O seu custo é também um problema, porque atualmente estes produtos, quando se destinam a ser comercializados, são fabricados em pequenas quantidades por pequenas unidades de produção (Bélanger e Musabyimana, 2005).

Por último, não podem respeitar os procedimentos de avaliação exigidos pelos (raros) quadros regulamentares existentes. Estes são muito onerosos e são, de facto, os mesmos que os exigidos para os pesticidas de síntese, e as pequenas estruturas de produção não os podem cumprir. Este condicionalismo limita, nomeadamente, a viabilidade comercial das fábricas de pesticidas. Para além destes problemas intrínsecos e estruturais, o desenvolvimento de pesticidas vegetais é também dificultado pela disponibilidade e divulgação de conhecimentos. Embora a utilização de plantas pesticidas seja uma prática ancestral, o conhecimento associado está fragmentado e disperso nas comunidades. O trabalho realizado no âmbito desta tese propõe, portanto, métodos alternativos de proteção do arroz, incluindo a utilização de extractos de plantas naturais, como o fruto do neem, que têm propriedades insecticidas, são pouco dispendiosos e não prejudicam o ambiente.

ARROZ

1. Origem

O arroz é uma planta monocotiledónea da família Gramineae ou Poaceae (Delseny, 2000). O arroz cultivado pertence a duas espécies botânicas do género Oryza (Oryza sativa e Oryza glaberrima). A espécie mais cultivada é a Oryza sativa L, que é diploide, autopolinizadora e originária do Sul e do Sudeste Asiático (Second, 1982). Pensa-se que foi domesticado a partir de Oryza rufigon na Índia e na China há mais de 10.000 anos (De Datta, 1981). Os europeus introduziram o arroz asiático em África a partir do século XV e, mais tarde, na América. A espécie Oryza glaberrima ou arroz africano ou arroz de Casamança é originária da África Central e foi domesticada na África Ocidental há 3500 anos. Uma terceira espécie de arroz, um cruzamento entre o Oryza sativa L (arroz asiático) e o Oryza glaberrima (arroz africano), é cultivada em África e no resto do mundo. "Novo arroz africano" ou NERICA. O seu germoplasma oferece uma esperança real de melhorar a produtividade, a rentabilidade e a sustentabilidade da cultura do arroz em África (WARDA, 2006).

2. Posição sistemática

De acordo com Denis Delaval e Wopereiset al., 2008, o arroz é uma gramínea anual de origem tropical pertencente à família das :

- Reino vegetal: organismo multicelular com um sistema radicular subterrâneo e um sistema vegetativo à superfície;
- Super-ramo das cormófitas: plantas com caules, folhas e raízes;
- Filo das Espermatófitas ou fanerogâmicas: cormófitas flores e sementes;
- Sub-ramo das Angiospérmicas: planta em que o óvulo está contido num ovário

fechado;

- Classe Monocotiledóneas: plantas com um só cotilédone

- Encomendar: Poales

- Super família: Cereais

- Família: Gramíneas ou Poacea: família de plantas monocotiledóneas com flores discretas agrupadas em espigas.

- Género Oryzae: plantas herbáceas anuais com caules hereditários com nós e entrenós e folhas suportadas por nós no caule.

- Espécies: Oryzae sativa L e Oryzae glaberrima Steud.

O género Oryzae tem cerca de vinte espécies, das quais apenas duas são cultivadas (Oryzae sativa L e Oryzae glaberrima Steud) Wopereis et al., 2008.

3. Caraterísticas das diferentes espécies de arroz

3.1. Oryzae sativa

Oryzae sativa, o arroz asiático, compreende dois tipos principais: indica e japonica.

a) Tipo indica

O tipo indica, originário da Ásia tropical, é geralmente caracterizado por :

- folhas verde-claras, longas, largas a estreitas ;
- perfilhamento significativo ;
- grãos geralmente longos e finos ;
- e muitos ramos secundários (pequenos ramos ao nível da panícula).

b) Tipo Japonica

O tipo japonica, originário da zona temperada e subtropical da Ásia, tem :

• folhas estreitas, verde-escuras ;

• perfilhamento médio ;

• um tamanho curto a intermédio ;

• e os grãos são frequentemente curtos e redondos.

3.2. Oryzae glaberrima

Oryzae glaberrima, o arroz africano, é originário do delta central do Níger. foi Steudel quem primeiro nomeou e descreveu Oryzae glaberrima em amostras em 1855. da costa ocidental africana (Guiné, portuguesa). Pode ser reconhecido pelas seguintes caraterísticas:

• excelente desenvolvimento vegetativo, folhas e glumas glabras (lisas, sem pêlos), lígulas pequenas e arredondadas;

• baixa densidade de ramos poucos ou nenhuns ramos secundários cariopse vermelha (grão com pericarpo vermelho) dormência longa.

Atualmente, a espécie asiática (Oryzae sativa) é muito mais cultivada do que a espécie africana (Oryzae glaberrima) (Wopereis et al., 2008).

Foto 1: Comparação da panícula de Oryzae glaberrima Steud (direita) com Oryzae sativa (esquerda) (Wopereis et al., 2008).

4. Estrutura da planta

O arroz é uma planta muito flexível que cresce tanto em áreas inundadas como não inundadas. A planta do arroz é constituída por caules redondos e ocos, folhas planas e panículas terminais. Inclui os órgãos vegetativos (raízes, caules, folhas) e os órgãos reprodutivos (ou seja, a panícula constituída por um conjunto de espiguetas) (Wopereis et al., 2008). O arroz cresce bem num ambiente aquático e gosta de mais água para o seu crescimento e desenvolvimento (Audebert, 2015).

5. Órgãos vegetativos

Os órgãos vegetativos do arroz consistem em raízes, folhas e caule, que são facilmente identificáveis, e outros órgãos como a bainha, a lígula, a aurícula, etc. (Wopereis et al., 2008).

a) As raízes

As raízes são os órgãos subterrâneos da planta de arroz que servem de suporte (âncora) para a planta. São constituídas por raízes secundárias e pêlos absorventes, através dos quais os nutrientes são retirados do solo para alimentar a planta. A raiz primária, que cresce a partir da semente no momento da germinação, vive apenas durante um curto período de tempo. É rapidamente substituída por raízes secundárias (Wopereis et al., 2008). De acordo com Marc Lacharme (2001), as raízes do arroz são os órgãos subterrâneos pouco profundos cujas principais funções são absorver e armazenar água e nutrientes.

b) O caule

O caule do arroz é constituído por uma série de nós e entrenós, que são ocos e têm uma superfície lisa. Os entrenós inferiores são mais curtos do que os superiores (quanto mais estreita for a distância entre os entrenós inferiores, mais resistente é a planta ao acamamento; a robustez dos caules (diâmetro) e o seu tamanho são também critérios de resistência ao acamamento); na planta de arroz, cada nó tem uma folha e um gomo que pode desenvolver-se em perfilhos. As principais funções dos caules são o transporte de nutrientes e de água e o fornecimento de ar às raízes (Wopereis et al. 2008). Os nós do caule principal dão origem a outros caules chamados perfilhos secundários, que podem, por sua vez, dar origem a perfilhos terciários. Todos os perfilhos produzidos por uma única planta constituem o tufo de arroz, e o perfilhamento depende da variedade, mas também é influenciado pelas condições e práticas de cultivo. O caule principal (perfilhos primários) desenvolve o maior número de folhas e, na base dos perfilhos, a primeira folha rudimentar é chamada profilo (Marc Lacharme, 2001).

c) **Folhas**

As folhas são os órgãos aéreos que se desenvolvem alternadamente no caule. Têm origem em cada nó do caule e são constituídas por duas partes, a bainha foliar e a lâmina foliar. Cada nó dá origem a uma folha, sendo que a bainha foliar envolve toda a zona entre nós e, em alguns casos, o nó seguinte. A lâmina foliar ou parte terminal da folha está ligada ao nó pela bainha foliar e a última folha está ligada ao nó pela bainha foliar. ou folha terminal abaixo da panícula é chamada folha da panícula ou folha bandeira (Marc Lacharme, 2001). A folha é o motor do crescimento, captando a radiação solar e transformando-a em hidratos de carbono, permitindo à planta respirar e transpirar, e é na folha que a planta realiza a fotossíntese para produzir os elementos de carbono (hidratos de carbono) essenciais ao metabolismo vegetal. As folhas do arroz podem ser erectas, oblíquas ou caídas; esta caraterística (hábito foliar), que depende da variedade, tem uma grande influência na penetração da radiação solar (Wopereis et al., 2008).

A bainha é a parte da folha que envolve o caule. Na junção entre a folha e a bainha (colarinho) encontram-se duas estruturas chamadas aurícula e lígula.

A aurícula é uma espécie de apêndice em forma de meia-lua, de 2 a 5 mm, coberto de pêlos.

A lígula é uma espécie de membrana cujo comprimento e forma dependem da espécie e da variedade. É longa na Oryzae sativa, mas curta e arredondada na Oryzae glaberrima. O arroz é a única gramínea que possui tanto a lígula como a aurícula, o que o distingue das ervas daninhas na fase de plântula (Wopereis et al., 2008).

6. Órgãos reprodutores

O órgão reprodutor, também conhecido como órgão floral, no arroz consiste na panícula, nas flores e nos grãos ou paddy (Wopereis et al. 2008).

a) A panícula

É a parte terminal da planta de arroz e é suportada pelo último entrenó. A panícula é constituída por ramos primários (pequenos ramos) que transportam ramos secundários que transportam os pedicelos que, por sua vez, transportam as espiguetas. O número de ramos primários e secundários depende da espécie e da variedade. Uma panícula de arroz pode suportar entre 50 e 500 espiguetas, mas para a maioria das variedades utilizadas, o número de espiguetas situa-se entre 150 e 350 e existem diferenças varietais entre o comprimento, a forma e o ângulo das panículas (Wopereis et al. 2008).

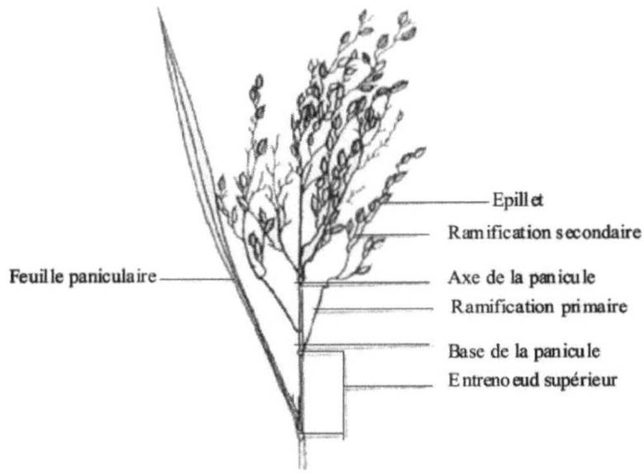

Figura 2: panícula de arroz (Oryzae sativa), (Wopereis et al., 2008).

b) **A flor**

A flor é constituída por órgãos reprodutores masculinos (anteras que contêm pólen) e femininos (ovário). O arroz é uma planta autopolinizadora, sendo a fecundação assegurada pelo pólen da própria flor, ao contrário da planta alógama, que é fecundada pelo pólen de outra flor da mesma planta, como o milho (Marc Lacharme, 2001). É a flor que é responsável pela formação dos grãos obtidos após a fecundação (Wopereis et al., 2008).

c) **Grãos ou arroz**

O grão de arroz é composto por três partes essenciais (Wopereis et al. 2008):

- A casca da planta do arroz, que compreende: as glumas (grandes porções acima dos pedicelos que ligam as espiguetas aos ramos secundários) e as duas glumas conhecidas por palaea (gluma superior com três nervuras) e lemma (gluma inferior com cinco nervuras). A barbela é um prolongamento da nervura ventral da glumela inferior. As glumelas, que envolvem o grão de arroz (cariopse), constituem o arroz ;

- o endosperma que serve de fonte de alimentação para o embrião ;
- o embrião situado na parte ventral da espigueta, também designado por germe, que dá origem à plântula jovem após a germinação.

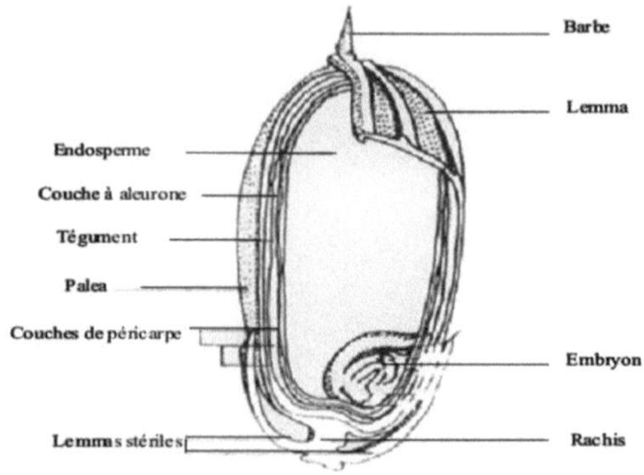

Figura 3: O grão de arroz (Wopereis et al., 2008).

7. Estádios de crescimento e desenvolvimento do arroz

O ciclo do arroz, qualquer que seja a variedade ou a ecologia, está completo quando passa pelas dez fases de desenvolvimento seguintes (Wopereis et al., 2008).

7.1. Germinação

O embrião, que se torna mais lento durante o armazenamento, germina assim que encontra humidade suficiente (equivalente a um quarto do peso da semente) e uma temperatura favorável (óptima: 20 a 35°C). A germinação é o regresso à atividade da semente; a emergência materializa-se quer pelo aparecimento do coleóptilo, do qual sairá a primeira folha (condições aeróbias), quer pelo aparecimento da radícula, a primeira raiz (condições anaeróbias). A fase de germinação corresponde ao período entre o aparecimento do coleóptilo ou da radícula e o aparecimento da primeira folha (Wopereis et al., 2008). Segundo Marc Lacharme, 2001, tendo em conta a temperatura, a fase de germinação dura de 5 a 20 dias (5 dias em condições quentes e 20 dias a baixas temperaturas).

7.2.Mudas

É o período que se segue à germinação, durante o qual o rebento jovem se alimenta principalmente das reservas da semente (cerca de 14 dias). Continua a produzir folhas ao ritmo de uma por cada 3 ou 4 dias. A fase de plântula corresponde ao período entre a emergência da primeira folha e o aparecimento da quinta folha. Durante esta fase, a plântula também produz raízes, uma fase crítica durante a qual a planta é muito frágil (Wopereis et al., 2008). Para Marc Lacharme, em 2001, a emergência estende-se desde a emergência até ao estádio de 4 folhas e dura entre 15 e 25 dias consoante a temperatura (as temperaturas baixas prolongam a emergência). Durante esta fase, a planta torna-se progressivamente independente das reservas alimentares do grão. No estádio de 3 folhas, a planta é completamente independente. Se a sementeira for efectuada em viveiro, é necessário esperar por esta fase antes de proceder à transplantação. A duração [germinação + emergência] é de cerca de 21 dias para as sementeiras de inverno. Pode ser prolongada até cerca de 40 dias para as sementeiras efectuadas logo no início da contra-época quente (Marc Lacharme, 2001).

7.3.Tallage

O perfilhamento é o período em que a plântula jovem começa a produzir perfilhos. A fase de perfilhamento começa com o aparecimento da quinta folha e tem uma duração variável, consoante as condições climáticas (temperatura) e a variedade. Os perfilhos continuam a aumentar em número até atingirem o máximo de perfilhamento, período conhecido como fase de perfilhamento. Em seguida, alguns perfilhos degeneram e o número de perfilhos estabiliza-se (Wopereis et al., 2008). De acordo com Marc Lacharme, em 2001, uma variedade de ciclo longo terá uma capacidade de perfilhamento maior do que uma variedade de ciclo curto. 3 a 5 dias antes do fim do perfilhamento, a iniciação da panícula pode ser observada dentro das hastes de diferentes perfilhos.

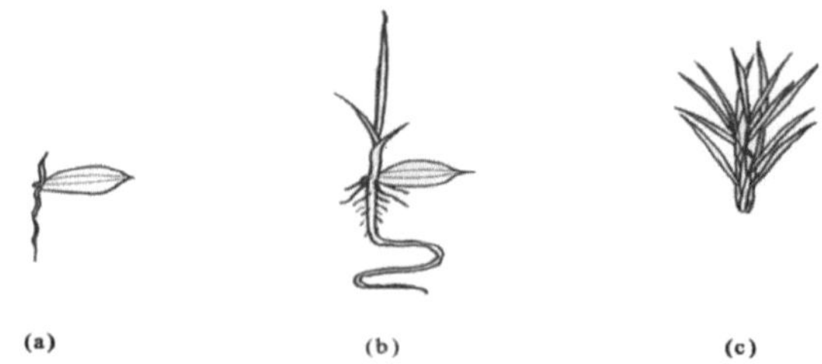

Figura 4: Emergência (a), surgimento (b) e perfilhamento (c), de Wopereis et al., 2008.

7.4. Alongamento dos entrenós

No final da fase de perfilhamento, a planta começa a alongar os seus entrenós. O resultado é um aumento do tamanho da planta, que se torna suficientemente longa para atingir o tamanho necessário para o início da floração.

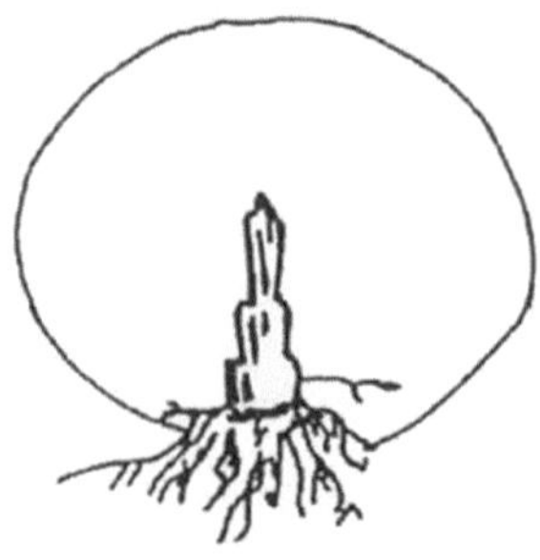

Figura 5: Internódio de acordo com Wopereis et al., 2008.

7.5. Iniciação panicular

Esta fase marca o nascimento da panícula. A panícula jovem, que emerge do interior e da base do último nó, é materializada pela primeira vez por um pequeno crescimento em forma de cone de 1 a 1,5 mm, visível apenas quando o caule é dissecado. Esta fase do desenvolvimento da planta é designada por iniciação panicular (IP) e determina o número de grãos por panícula. Nas variedades precoces, o perfilhamento máximo, o alongamento dos entrenós e a iniciação da panícula ocorrem quase simultaneamente. No arroz, a data de iniciação da panícula é determinada por vários factores, alguns dos quais são constantes inerentes à variedade, à temperatura e ao fotoperíodo (Wopereis et al., 2008). A iniciação da panícula marca o início da fase reprodutiva, que contribui para a formação dos grãos.

7.6. Desenvolvimento da panícula

De acordo com Wopereis et al. 2008, esta fase é caracterizada por um inchaço na base da folha da panícula devido ao facto de a panícula se mover para cima do caule. Após a iniciação, a panícula desenvolve-se e progride para cima do caule, provocando o inchaço do caule, o que se designa por "bolting". Os diferentes órgãos da flor desenvolvem-se e a panícula continua a crescer, atingindo o seu tamanho final antes de emergir (cabeça).

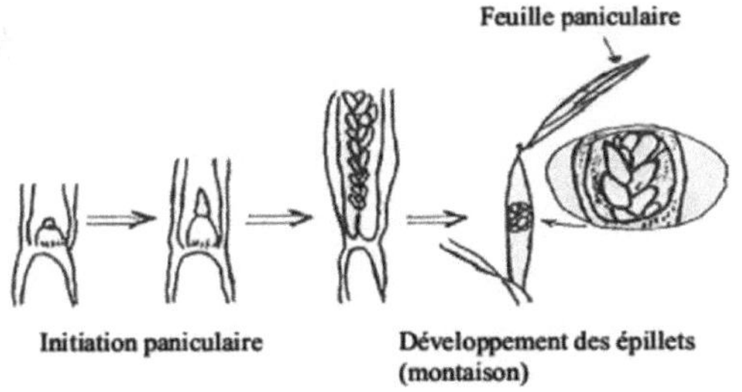

Figura 6: Evolução do desenvolvimento da panícula, de Wopereis et al., 2008

7.7. Emergência e floração

A espiga (aparecimento da espiga) caracteriza-se pela emergência da panícula na base da folha da panícula. A espiga demora uma a duas semanas a emergir completamente do caule. A floração é a abertura da flor e a polinização subsequente. A flor abre-se sob a pressão de duas estruturas transparentes, denominadas lodículas, situadas na base e no interior da semente, que se dilatam por aquecimento, ao mesmo tempo que se espalham as duas glumelas (Lemma e Paléa). No arroz, esta abertura ocorre geralmente entre as 9 e as 11 horas da manhã. Logo que as glumelas se abrem, os estames levantam-se e, devido à temperatura ambiente, as anteras secam e libertam os grãos de pólen, que caem sobre os estigmas e depois sobre o ovário, onde se dá a fecundação. As duas glumelas fecham-se de seguida (Wopereis et al., 2008). A desponta é o desenvolvimento da espiga, que ocorre geralmente três dias após a floração e prossegue progressivamente até à emergência completa da panícula e ao desenvolvimento dos grãos.

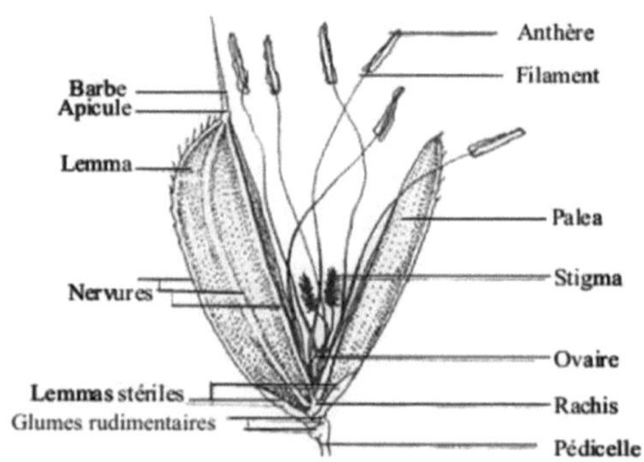

Figura 7: Estádios de maturação e floração segundo Wopereis et al., 2008.

7.8. Grão de leite

Após a fecundação, o ovário incha e a cariopse desenvolve-se, atingindo o seu tamanho máximo em cerca de sete dias. O conteúdo do grão (cariopse) é inicialmente aquoso, adquirindo depois uma consistência leitosa visível. Nesta fase, as panículas ainda estão verdes, erectas e a planta já não está a crescer (Wopereis et al., 2008).

7.9. Grão pastoso

Nesta fase, a parte leitosa do grão torna-se mole, transformando-se depois numa pasta dura (duas semanas após a floração). A panícula começa a dobrar-se e a cor dos grãos passa progressivamente do verde à cor caraterística da variedade (amarelo palha, preto, etc.), que se obtém quando os grãos atingem a maturidade (Wopereis et al., 2008).

7.10. Maturidade

É nesta fase que as sementes amadurecem e atingem o seu tamanho final, atingindo também o seu peso máximo e conferindo à panícula a sua forma curvada. O grão torna-se duro e adquire a cor definitiva da variedade (amarelo palha, preto, etc.). Este estádio é atingido quando 85-90% dos grãos da panícula estão maduros e prontos para serem colhidos (Wopereis et al., 2008).

8. Fases de desenvolvimento da planta

As fases de desenvolvimento do arroz são todas as fases da vida pelas quais o arroz passa para completar todo o seu ciclo de crescimento. De acordo com Marc Lacharme, em 2001, as fases de desenvolvimento do arroz agrupam-se em três fases principais:

- a fase vegetativa, da germinação à iniciação da panícula;
- a fase reprodutiva, do início da panícula à floração;
- e a fase de maturação, que vai da floração à maturação completa das sementes.

Segundo o WARDA, em 1995, o ciclo biológico do arroz anual desenrola-se em várias etapas. Durante o seu crescimento, o arroz passa por três fases essenciais: uma fase vegetativa, desde a germinação até à iniciação dos primórdios florais; uma fase reprodutiva, desde esta iniciação até à polinização; e, por último, uma fase de maturação do grão. Assim, importa referir que o arroz é uma planta anual e que a sua cultura passa por três fases (a fase vegetativa, a fase reprodutiva e a fase de maturação). A duração da fase vegetativa varia significativamente entre espécies e variedades nas mesmas condições de cultivo, enquanto a fase reprodutiva permanece mais ou menos constante, independentemente da variedade (WARDA, 1995).

8.1. Fase vegetativa

Durante a fase vegetativa, a planta de arroz passa pelas seguintes fases de desenvolvimento: germinação-emergência, plântula, perfilhamento e alongamento dos entrenós (consoante o tipo de variedade). A duração da fase vegetativa é variável e depende da variedade. Esta fase é influenciada pelas baixas temperaturas e pelo fotoperíodo (duração do dia), que pode, quando a variedade é sensível, prolongar a sua duração. A maior parte das práticas culturais são efectuadas durante a fase vegetativa, nomeadamente a luta contra as ervas daninhas. Luta contra as ervas daninhas (monda, tratamentos fitossanitários), fertilização, luta contra os insectos e as doenças (Marc Lacharme, 2001).

8.2.Fase reprodutiva

A fase reprodutiva estende-se desde o início da panícula até à fertilização. Inclui os estádios de iniciação da panícula, o enraizamento, o encabeçamento e a fertilização. Caracteriza-se pelo nascimento da panícula e pelo desenvolvimento das espiguetas e dos órgãos reprodutores. Tem uma duração relativamente fixa, de 30 a 35 dias, independentemente da variedade e da estação do ano. A fase reprodutiva não é afetada pelo fotoperíodo, embora seja muito sensível às baixas temperaturas, à seca (défice hídrico) e à salinidade, que podem provocar a esterilidade dos órgãos reprodutores das espiguetas, resultando em grãos vazios (Wopereis, 2008).

8.3.Fase de maturidade

Esta fase decorre desde a fecundação das sementes até à maturação. Inclui a fase de floração, a fase leitosa, a fase pastosa e a fase de maturação. Tem uma duração relativamente fixa, entre 30 e 42 dias, independentemente da variedade, da estação do ano e das condições ambientais de temperatura e humidade (Marc Lacharme, maio de 2001). É sensível aos riscos climáticos como as temperaturas elevadas, os ventos violentos e a seca (défice hídrico) durante os primeiros 15 dias após a floração (fase pastosa). A drenagem das parcelas ou a interrupção da irrigação na fase pastosa não tem um impacto negativo sobre a produção, mas é de facto benéfica para o arroz; homogeneíza a maturação e facilita a colheita (Wopereis, 2008). É nesta fase que os grãos atingem a sua maturidade final para serem colhidos, secos para consumo e outros fins.

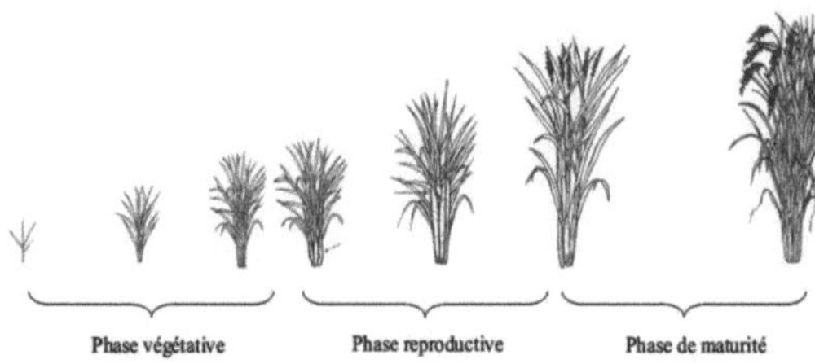

Figura 8: As três fases principais do desenvolvimento do arroz, de acordo com Wopereis et al., 2008

9. Ecologia do arroz

Em 2001, Schalbroeck concluiu que as melhores condições geográficas e de solo são necessárias para uma boa produção de arroz.

9.1. Requisitos de altitude e humidade

O arroz cresce tanto ao nível do mar como a altitudes até 3.000 m (no Nepal), desde que as condições, nomeadamente calor e água, sejam respeitadas (Audebert, 2015). A floração requer 70 a 80% de humidade, "um vento ligeiro é favorável ao arroz" e "ventos demasiado fortes causam danos (Schalbroeck, 2001).

9.2. Solo

O arroz de regadio prefere solos pesados, de textura fina, com 40-60% de argila e baixas perdas de água por percolação. Os solos franco-argilosos (com um teor de argila mais elevado (50%)) são os mais adequados para a cultura do arroz. O pH ótimo varia entre 6 e 7, mas o arroz de regadio pode tolerar valores de pH de 4,5 a 8,5, porque depois de um arrozal ser submerso, o pH que era ácido aumenta e o pH que era básico diminui cerca de duas unidades. Valores de 5 e 8 são os valores limite de pH para um solo adequado (Schalbroeck, 2001). Para a cultura em sequeiro, o arroz requer um solo rico e solto, com boa capacidade de retenção de água e um pH ótimo entre 6 e 7 (Audebert, 2015).

9.3. Temperatura

Abaixo de 12-13 °C, a germinação é impossível e algumas variedades requerem uma temperatura mínima de 18 °C. Após a transplantação, as plantas podem recuperar a uma temperatura média diária de cerca de 13 a 15 °C (Schalbroeck, 2001).

Quadro 1: Temperaturas do ar necessárias para a cultura do arroz

Fase de desenvolvimento	Temperatura do ar (oC)		
	Mínimo	Ótimo	Máximo
Germinação	14-16	30-35	42
Tallage	16-18	28-30	40
Floração	22	27-29	40
Maturação	/	25	40

Fonte: Schalbroeck (2001)

9.4. Necessidades de água

A cultura do arroz de regadio com lençol freático permanente necessita de um lençol freático de 1.000 a 1.500 mm, tendo em conta as perdas nos canais; em solos filtrantes, esta quantidade de água pode ser duplicada (WARDA, 1995). Na cultura do arroz de sequeiro, uma precipitação bem distribuída de 800 a 1000 mm é suficiente para um ciclo vegetativo de 4 a 5 meses. Dependendo das condições climáticas e da duração do ciclo vegetativo, as necessidades de água em termos de evapotranspiração potencial situam-se entre 400 e 800 mm (Schalbroeck, 2001).

Os períodos críticos para a água são :

- lavoura ;
- encabeçamento e aparafusamento;
- maturação.

As necessidades de água estão correlacionadas com o solo: em solos argilosos, o arroz pode ser cultivado com apenas 800 a 1000 mm de água.

9.5. Luz

O arroz necessita de muita luz, e o fotoperiodismo tem uma forte influência na duração do ciclo e no rendimento. A luz solar desempenha um papel importante no crescimento e no rendimento do arroz, incentivando o perfilhamento e aumentando o número de espiguetas e o peso das sementes. É necessário um mínimo de 400 horas de sol durante os primeiros dois meses de cultivo, incluindo 220 a 240 horas durante o último mês, para obter um rendimento elevado (Schalbroeck, 2001).

10. Importância do arroz

O arroz é um produto que pode ser utilizado para uma variedade de fins, incluindo o consumo humano, animal e industrial. É uma fonte de emprego e de rendimento e desempenha também um papel importante noutros domínios.

10.1.alimentos para consumo humano e animal

O arroz é utilizado na alimentação humana e é o alimento de base em 17 países da Ásia e do Pacífico, 9 países da América do Sul e do Norte e 8 países de África. Fornece 20% das necessidades energéticas alimentares do mundo (WARDA, 2002). O arroz fornece energia alimentar (o arroz é rico em hidratos de carbono, é uma fonte de vitamina B, zinco, magnésio e fósforo) em diferentes regiões do mundo para melhorar a diversidade alimentar e fornecer micronutrientes essenciais. O arroz não é apenas uma importante fonte de energia alimentar, é também uma fonte de tiamina, riboflavina e niacina. O arroz integral contém uma quantidade significativa de fibras. O perfil de aminoácidos do arroz revela um elevado nível de ácido glutâmico e aspártico, enquanto o aminoácido limitante é a lisina. No entanto, o arroz não pode fornecer todos os nutrientes necessários para uma dieta saudável; deve ser acompanhado por produtos à base de carne, peixe e leguminosas (WARDA, 2002). As cascas, a palha e o farelo triturado são utilizados na pecuária para alimentar o gado, enquanto o grão triturado ou não triturado, o grão partido e a farinha são utilizados nas explorações agrícolas para criar aves de capoeira.

10.2.Fonte de rendimento e emprego

O arroz é um produto estratégico que contribui significativamente para a segurança alimentar, proporcionando rendimento e emprego às populações rurais pobres. O arroz representa cerca de 12% do valor agrícola (Kline e Gordon, 2012) citado por Salifou B. DIARRA em 2014. Dado o grande número de produtores de arroz (dois milhões), o arroz local é um elemento importante na luta contra a pobreza nas zonas rurais, desde que esta atividade possa ser rentabilizada através de iniciativas de desenvolvimento. Se o sector do arroz for desenvolvido, serão criados empregos em todos os segmentos da cadeia de valor do arroz, nomeadamente na produção, nos serviços e na distribuição. O arroz local é também uma fonte de crescimento económico através dos seus efeitos na substituição das importações maciças de arroz, gerando fluxos significativos de estimativas. A contribuição do sector do arroz em termos de impostos e taxas é relativamente significativa tanto a montante como a jusante em alguns países (WARDA, 2002).

10.3. Outras utilizações

O arroz é utilizado em algumas empresas para fabricar álcool, verniz, óleo, vinagre, glucose, acetona e produtos farmacêuticos. Em todo o mundo, nomeadamente na África Ocidental e na Ásia, o arroz é utilizado para a realização de certos rituais tradicionais e para fins medicinais, por exemplo, os grãos são comidos ou engolidos por via oral para combater a diarreia. A casca de arroz é utilizada como combustível e as suas cinzas como fertilizante, enquanto a palha pode ser utilizada como cama e matéria-prima no fabrico de pasta de papel (SEMRY, 2011).

11. Diferentes ecossistemas de arroz

Existem dois grandes ecossistemas orizícolas em função do regime hídrico (Trébuil e Houssain, 2004) citados por Audebert et al., (2015):

- ecossistema aquático, com pelo menos água temporariamente controlável; conhecido como arrozal;

- um ecossistema não aquático, onde o arroz, tal como outros cereais, é cultivado em solos inundados e drenados.

11.1. Culturas aquáticas de arroz

Cobrem 88% das zonas de cultivo de arroz e subdividem-se em quatro categorias (Audebert et al., 2015).

11.1.1. Arroz de regadio

As infra-estruturas hidroagrícolas permitem controlar a entrada e a saída de água dos arrozais, bem como a altura da superfície da água. Foi neste tipo de orizicultura, que cobre 55% das terras cultivadas e representa 75% da produção mundial, que teve lugar a "revolução verde" dos anos 60. A utilização simultânea de variedades semi-anãs altamente produtivas, de adubos minerais e de pesticidas, associada a um bom controlo das ervas daninhas graças à transplantação e à monda manual, permitiu obter rendimentos médios de 4-5 t/ha e máximos de 10 t/ha. A monocultura do arroz é frequentemente a regra e, em certos climas quentes, a utilização de variedades precoces e não fotossensíveis permite até três ciclos de cultura por ano. Nas zonas subtropicais, a rotação arroz-trigo é . Com o aumento dos custos, a tendência é para abandonar a transplantação em favor da sementeira.

11.1.2. Campos de arroz inundados

Neste tipo, não existem infra-estruturas de controlo da água hidroagrícola e o abastecimento de água ao arrozal depende diretamente da precipitação ou das cheias dos rios; as datas de chegada e de retirada da água ao arrozal não são controladas e o nível da água pode variar de 0 a 100 cm. Este tipo de cultura ocupa 23% da superfície terrestre do planeta. O método mais comum de plantação da cultura é a sementeira. Os rendimentos raramente excedem 4 t/ha.

A grande preocupação reside no facto de os rendimentos estarem a estagnar em cerca de 3 t/ha. As variedades utilizadas devem ser mais resistentes e a sua altura e ciclo devem estar bem adaptados ao regime hídrico.

11.1.3. Arroz submerso ou arroz "flutuante

Cultivada em zonas deltaicas com níveis de água até 5 m, representa 10% das superfícies cultivadas e apenas 3% da produção mundial. As variedades utilizadas caracterizam-se por um rápido alongamento dos entrenós à medida que a água sobe. Os rendimentos são baixos (cerca de 1 t/ha) e estão sujeitos a uma grande variabilidade espacial e interanual. O seu interesse é cada vez menor.

11.1.4. Cultura do arroz de mangue

É praticada nas planícies costeiras sujeitas à influência das marés e assenta numa boa gestão da água doce e da água salgada. Durante a estação das chuvas, o arrozal é dessalinizado (o sal é retirado) por imersão em água doce, sendo depois o arroz plantado e protegido da água salgada por diques. As variedades utilizadas devem ter uma boa tolerância à salinidade. Dada a elevada fertilidade do solo, é possível obter rendimentos de 5 t/ha sem a utilização de fertilizantes. Nos arrozais, a existência de condições anaeróbias pode levar ao aparecimento de problemas ligados às caraterísticas do solo (acidez , salinidade, alcalinidade, toxicidade do ferro, etc.). A vontade de economizar os recursos hídricos e o custo elevado do desenvolvimento tornam indispensável uma boa gestão da água.

11.2. Arroz de sequeiro

Trata-se de uma cultura não submersa, alimentada pela chuva e/ou pelas águas subterrâneas. Ocupa 12% da superfície terrestre mundial e 40% em África. O arroz de sequeiro é tradicionalmente cultivado em sistemas de corte e queima. Estes sistemas estão a tornar-se cada vez menos produtivos devido ao encurtamento do tempo de cultivo e à necessidade de proteger as florestas e combater a erosão. Estes sistemas estão a tornar-se cada vez menos produtivos em resultado de períodos mais curtos de cultivo. A correção da cultura do arroz de sequeiro é uma questão importante para o desenvolvimento. Os exemplos de algumas zonas densamente povoadas em África e de algumas grandes explorações agrícolas no Brasil mostram que isso é tecnicamente possível (Syaukat e Pandey, 2004; Pinheiro et al., 2006), citados por Alain Audebert et al. em 2015.Nos Camarões, o arroz é cultivado em três ecossistemas: inundado, irrigado e de sequeiro.

12. Constrangimentos à produção de arroz

Há uma série de obstáculos à produção de arroz em África. Existem dois tipos de obstáculos: abióticos (solo e clima) e bióticos (ervas daninhas, doenças, aves, nemátodos, roedores e insectos) (Heinrichs e Barrion, 2004).

12.1. Insectos pragas do arroz

A diversidade das suas peças bucais, a sua alimentação e a sua capacidade de adaptação a quase todos os ambientes fazem dos insectos as pragas mais formidáveis e devastadoras das culturas. A cultura do arroz confronta-se, pois, com uma série de problemas causados por insectos pragas, que afectam quase todas as partes da planta, desde o início até ao fim do ciclo de produção; só para o arroz, foram inventariadas cerca de 4098 espécies de insectos pragas (Kumar, 1990). A maioria destas pragas de insectos são Lepidoptera, Diptera, Coleoptera e Hemiptera, e alguns deles são insectos mastigadores, mastigadores-lambedores, sugadores e mordedores-sugadores. Dependendo dos seus danos ou ataques às plantas, podem ser agrupados em cinco grupos principais (Wopereis et al., 2008):

- brocas do caule ;

- desfolhadores ;

- mordedores, otários ;

- cortadores de raízes ;

- pragas dos animais.

12.1.1. Brocas de haste

Existem cerca de cinquenta espécies divididas em duas ordens: Lepidoptera e Diptera. As espécies mais importantes da ordem Lepidoptera são: Chilo spp, Maliarpha separatella, Sesamia calamistis, Nymphula depunctalis, Eldana saccharina, Scirpophaga spp. A ordem Diptera inclui Diopsis spp e Orseolla oryzivora. Esta última espécie provoca o míldio do arroz (Wopereis et al., 2008). As brocas do caule são as pragas mais importantes, infestando as plantas de arroz desde a fase de plântula até à maturidade. Existem dois tipos principais de danos (Defoer et al., 2004):

✓ Danos causados às plantas jovens no início e durante o perfilhamento. Neste caso, as lagartas penetram nas bainhas das folhas e na base do caule jovem; os danos podem levar à morte do caule.

✓ Danos causados pela panícula. As lagartas jovens (sobretudo da 2ª geração) acumulam-se alguns centímetros abaixo da panícula, no interior do pedúnculo.

Esta seca completamente, deixando uma panícula totalmente branca ou seca. Para além destes dois casos bem visíveis, qualquer dano no caule é igualmente prejudicial. Quando o inseto ataca uma planta em estado avançado de desenvolvimento, a lagarta velha aloja-se nas partes inferiores do caule e pode reduzir ou impedir a alimentação da panícula. Como resultado, um ou mais ramos secam, reduzindo o número de grãos colhíveis. Para estes ataques de brocas do caule, as ordens Lepidoptera (Sesamia sp) e Diptera (Diopsis thoracica West) são as mais representadas (Wopereis et al., 2008).

12.1.2. Desfolhadores

Os danos causados pelos destruidores de folhas consistem geralmente na remoção de fragmentos das pontas das folhas. Noutros casos, as folhas podem ser completamente cortadas. Estes danos têm frequentemente pouca importância económica quando a planta está suficientemente desenvolvida. No entanto, no início da cultura e até ao meio do perfilhamento, as infestações podem afetar uma grande parte da planta, levando a uma destruição irreparável (Wopereis et al., 2008). As ordens mais comumente encontradas nesse tipo de ataque são Coleoptera e Orthoptera. Na ordem Coleoptera temos a Nymphula depunctalis, que é a espécie mais difundida para este ataque. Trata-se de uma pequena borboleta branca, com 10 a 12 mm de comprimento, que deposita os seus ovos em filas apertadas ao longo das folhas. Assim que nasce, a larva sobe para uma folha e corta-a, deixando uma aba que lhe serve de fixação. O fragmento de folha enrola-se mas não incha e fecha-se com algumas películas de seda, acaba de cortar o pedaço de folha restante e depois cai na água. Nada em direção a um pé de arroz, ao qual sobe e se alimenta. Isto permite-lhes deslocar-se facilmente de um caule para outro. A secagem durante pelo menos três dias é um meio de luta eficaz. Outras espécies desfolhadoras incluem : Cnaphalocrocis medinalis, Marasmia trapezalis, Diacrisia scortilla, Parnara spp, Hispides spp (Heinrichs e

Barrion, 2004).

12.1.3. Sugadores de pontos

Os insectos mordedores e sugadores podem atacar as folhas, os caules ou as sementes. São por vezes numerosos e podem causar danos significativos em caso de surto importante. Esta categoria inclui insectos, moscas brancas, pulgões, Cicadellidae e ácaros, que causam danos principalmente durante a fase de maturação, nas fases leitosa e pastosa. A ordem mais representada neste grupo é a dos Hemiptera (Wopereis et al., 2008).

12.1.4. Cortadores de raízes

Os cortadores de raízes são insectos, a maioria dos quais se desenvolve parcial ou totalmente no solo. Alguns são encontrados exclusivamente em zonas de planície, enquanto outros são encontrados apenas em condições de montanha (Wopereis et al., 2008).

- **A traça do arroz**

Estes insectos pertencem à mesma ordem que os gafanhotos. Embora estejam presentes em todos os ecossistemas, os grilos são mais abundantes nas terras altas e os seus danos são maiores nos limites dos campos.

- **Térmitas**

Podem ser encontradas tanto em zonas baixas como em planaltos. A sua presença é sempre favorecida pela ausência de água. É por isso que a inundação das parcelas é a melhor forma de combater estes insectos. Alimentam-se das raízes e das partes subterrâneas da planta, provocando o amarelecimento e a secura das folhas. As espécies mais comuns nos arrozais são a Microtermes, a Macrotermes e a Trinervitermes spp.

- Gorgulho da água

Este inseto vive exclusivamente nos baixios e nas águas lamacentas dos arrozais. A larva é a fase nociva que se alimenta exclusivamente de raízes de arroz.

12.1.4. Pragas dos animais

O arroz armazenado é atacado por uma vasta gama de insectos cuja identidade e ciclo diferem dos encontrados no campo. A maior parte destes insectos são polífagos e atacam não só o arroz mas também outros grãos armazenados. Os insectos dos grãos armazenados dividem-se em dois grupos, dependendo do modo de infestação. Alguns começam a atacar as culturas no campo e são introduzidos no celeiro ou na loja durante a colheita. É o caso dos gorgulhos e das alucites. Outros só atacam durante o armazenamento; vêm do interior ou do exterior do armazém (Heinrichs e Barrion, 2004).

12.2. Aves e roedores

12.2.1. Aves

O arroz é provavelmente mais afetado pelos danos causados pelas aves do que pelos danos causados pelos insectos. O arrozal é um ambiente particularmente favorável para as aves aquáticas permanentes e para muitas espécies migratórias (Heinrichs e Barrion, 2004). As aves aquáticas permanentes podem nidificar nos arrozais, esmagando os torrões de arroz, e consumir os caules jovens ou ascendentes, triturando-os e deixando muitos detritos (Grist e Lever, 1969. Anon, 1970). Quanto às aves migratórias, os passeriformes granívoros (uma ordem de pequenas aves) são os mais perigosos. Por vezes, atacam os arrozais em grande número, quando estes se aproximam da maturidade. Os estragos são espectaculares: panículas cujos grãos leitosos foram sugados um a um, deixando vestígios esbranquiçados de leite seco nas glumas, caules e panículas quebrados, arrozais devastados, mais ou menos planos, em zonas muito vastas (Heinrichs e Barrion, 2004).

12.2.2. Roedores

Os ratos são inimigos particularmente activos tanto nos campos de arroz como nos arrozais e nas reservas de arroz após a colheita. Nos campos de arroz, os danos podem ser diretos ou indirectos: destruição de plantas cortadas e arrancadas em tufos inteiros, escavação de tocas em diques, diques e canais, etc., irrigação, causando ravinas e desvios de água que exigem reparações urgentes e dispendiosas (Heinrichs e Barrion, 2004). Para além dos insectos, aves e roedores, os nemátodos atacam muito mais as raízes, afectando a circulação da seiva na planta. O resultado é uma redução do sistema radicular, do vigor, do perfilhamento e da altura do caule.

12.3. Doenças do arroz

O arroz é afetado por uma série de doenças virais, fúngicas e bacterianas.

12.3.1. Doenças fúngicas

O míldio do arroz é a principal doença fúngica do arroz, também conhecida como míldio foliar, causada pela Magnaporte grisea. Esta doença foi registada em quase todos os países produtores de arroz do mundo e pode infestar as plantas de arroz em todas as fases de desenvolvimento, mas especialmente no viveiro e na floração. A sua importância depende da presença de inóculo (que varia de região para região). A propagação desta doença é favorecida pela seca, pela humidade elevada e por doses elevadas de azoto (Agarwal et al., 1994). Os sintomas são observados nas folhas (inicialmente sob a forma de manchas esbranquiçadas ou acinzentadas, que aumentam rapidamente na presença de condições favoráveis (défice hídrico, orvalho, elevado teor de azoto no solo (Agarwal et al., 1994)); nos nós dos caules, nas diferentes partes da panícula, bem como nos grãos

A utilização de fungicidas e de variedades resistentes são as principais estratégias utilizadas para combater esta doença. Outras doenças fúngicas (helmintosporiose, rincosporiose, cercosporiose, murchidão das bainhas causada por Rhizoctonia solani) raramente causam danos significativos.

12.3.2. Doenças bacterianas

A principal é a murchidão bacteriana (Xanthomonas campestrispv. Oryzae), que ocorre principalmente na Ásia. Segue-se a podridão das estrias (Xanthomonas translucens) e a podridão castanha da bainha (Pseudomonas ovaginae); esta última foi recentemente identificada na Ásia. Há também a helmintosporiose (Helminthosporium oryzae ou Cochliobolus miyabeanus) e o míldio pelicular do arroz (Rhizoctonia solani) (WARDA, 2000). O controlo destas doenças exige a utilização de variedades resistentes e de bactericidas.

12.3.3. Doenças virais

De acordo com a Associação para o Desenvolvimento do Arroz na África Ocidental (WARDA) em 2000, o vírus do amarelinho do arroz (RYMV) é uma doença viral das plantas. De acordo com Banwo et al (2001), o vírus do amarelinho do arroz (RYMV) pertence ao grupo Sobemovirus e causa a única doença conhecida do arroz (Oryza sativa) específica do continente africano até à data. De acordo com Sadou et al. 2008, o vírus da mancha amarela (RYMV) é a principal doença viral que afecta o cultivo de arroz irrigado em África. É transmitido por insectos vectores através de lesões ou mecanicamente durante a manutenção da cultura, por exemplo, através de enxadas durante a monda. É também de salientar o vírus do tungro, que limita a produção de arroz no Bangladesh, na Índia (1967), na Indonésia, na Malásia, nas Filipinas e na Tailândia, com perdas de rendimento que podem atingir 100% se não forem tomadas medidas de controlo.

13. Métodos de controlo das doenças e dos insectos

Podem ser utilizados vários métodos para combater as pragas e as doenças, nomeadamente: luta cultural, luta biológica, luta química, luta genética, luta física e luta integrada.

13.1. Práticas de cultivo

Trata-se de práticas culturais que impedem a multiplicação de insectos nocivos e, ao mesmo tempo, favorecem o crescimento e o desenvolvimento do arroz. Um exemplo é a monda, que destrói certas ervas daninhas que servem de refúgio ou de biótopo para os insectos nocivos (Brenière, 1969).

13.2. Controlo biológico

O objetivo é limitar a densidade das pragas através da ação de inimigos naturais, como predadores, parasitas ou agentes patogénicos, bem como de autocidas (utilização de machos estéreis) e de controlo de confusão (moléculas de comunicação química) (Siaussat, 2005). Podem distinguir-se duas estratégias: a conservação e o aumento dos inimigos naturais. A conservação significa simplesmente não destruir os inimigos naturais através de práticas de cultivo e outras intervenções como o controlo químico. O aumento, por outro lado, envolve aumentar artificialmente o número de inimigos naturais no ambiente.

13.3. Controlo genético

O controlo genético consiste na utilização de variedades tolerantes; é geralmente pouco dispendioso para os agricultores e não é muito restritivo para o ambiente. As variedades podem ser distinguidas de acordo com a sua resistência e classificadas como de baixa, média e alta resistência (Brenière, 1969).

13.4. Controlo químico

A luta química com insecticidas tem a vantagem de ser geralmente bastante eficaz, matando o inseto num curto espaço de tempo. Além disso, os insecticidas estão muitas vezes disponíveis nas lojas. No entanto, a utilização de insecticidas é bastante dispendiosa e apresenta limitações técnicas. Segundo Brenière (1962), a luta química é, de facto, o único método bastante rápido e eficaz de que dispomos.

13.5. Combate físico

O controlo físico de pragas é um método de controlo de pragas que envolve a eliminação direta ou a caça de pragas nas culturas. Utiliza espantalhos, redes, partículas abrasivas, temperaturas (calor ou frio), radiações ionizantes, gases, estatutos e sons para assustar ou afugentar os parasitas das culturas.

13.6. Gestão integrada das pragas

A gestão integrada das pragas consiste em manter as pragas de insectos a um nível suficientemente baixo sem perturbar a estabilidade do ecossistema, assegurando simultaneamente a eficiência económica da cultura do arroz. A gestão integrada das pragas implica o raciocínio e a combinação das diferentes técnicas de controlo. De acordo com a Organisation Internationale de Lutte Biologique (O.I.L.B, 1973 in Ferron, 1999) citada por Johanna Villenave em 2006, a proteção integrada é um conceito de proteção das plantas baseado no conhecimento do ambiente e na dinâmica das populações presentes nos agroecossistemas.

CONCLUSÃO

O arroz (Oryza sativa L.) é o alimento básico de mais de metade da população mundial (Guigaz, 2002). No entanto, esta cultura enfrenta uma série de obstáculos à produção, incluindo ataques de pragas de insectos. A utilização de insecticidas sintéticos para combater estas pragas tem um impacto negativo na biodiversidade dos ecossistemas e na saúde humana, mas a natureza fornece-nos meios biológicos para combater estes insectos através da fitoprotecção das culturas, como o extrato aquoso de sementes de nim.

REFERÊNCIAS BIBLIOGRÁFICAS

Abdoul A., Hughes J. & Diallo A. (2001). Mancha amarela no arroz. Importância económica, diagnóstico e estratégias de gestão. WARDA Proceedings 1: 250 - 251.

Abdoulaye s, Abou, Togola, & Ali, Toure. 2013. Proposition pour une optimisation des performances a la riziculture en Afrique de l'ouest Senegal: 34pp.

Abo M. E., Alegbejo M. D., Sy A. A. & Sere Y. (2004). Retenção e transmissão do Rice yellow mottle virus (RYMV) por besouros vectores na Costa do Marfim. Revue de l'Association ivoirienne des sciences agronomiques 16 : 71 - 76.

Adégbidi, A. (1994). Cours de gestion des exploitations agricoles. FSA/UNB; p81.

Adégbidi, A. (2018). Determinantes socioeconómicos da adoção de novas tecnologias: O caso do milho no departamento de Atacora, na República do Benim. Tese de doutoramento de pós-graduação em economia (economia rural), CIRES, Universidade da Costa do Marfim, Abidjan, 169p.

Adégbola, P. e Midingoyi, S. (2004). Efficacité technico-économique des agriculteurs et rizicultrices du Centre-Benin. Comunicação apresentada no seminário científico NATIONAL 2004.

Adégbola, P. & Sodjinou, E. (2017). Estudo do sector do arroz no Benim. Relatório final; p 231. ADRAO. (1990). Relatório anual da ADRAO, 1990. 1: 2-36.

WARDA. (2000). Destaques das actividades. Relatório anual da WARDA, 2000. 1 : 1-12. WARDA. (2010). Insectos pragas do arroz na África Ocidental WARDA, Bouaké (Côte - d'Ivoire). 73 p

WARDA. (2014). A variedade de arroz NERICA como fonte de vida na África

Ocidental. Bouaké, Costa do Marfim: 64pp.
WARDA. (2016). Relatório anual. WARDA, Bouaké (Côte - d'Ivoire). 59 p.
WARDA. (2017). Novo Arroz para África. www.warda.org.
Agarwal P. C., Mortensen N. C. & Mathur B. S. (1994). Doenças do arroz transmitidas por sementes e testes fitossanitários. WARDA. 80 p.

Ahoyo, R.N.A. (2018). Economia dos sistemas de produção que integram a cultura do arroz no sul do Benim: potencialidades, constrangimentos e perspetivas. Tese de doutoramento, Peter Lang, 270 páginas.

Akinsola E. & Agyen - Sampong M. (2014). A ecologia, bionomia e controlo da broca do caule do arroz na África Ocidental. Insectos Sei Applic. 5 (2): 69 - 77.
Aminatou B. (2009). Inventário de fitoinseticidas para a proteção dos grãos em curso de armazenagem contra os devoradores na zona sahélienne (caso do Extremo Norte dos Camarões). Relatório final, Rede Anafe/Raft-AHT. 32p.
Amuli (2015). Comparação de duas técnicas intermitentes de gestão da água no rendimento de cinco variedades de arroz irrigado em Kiringye, na planície de Ruzizi, dissertação não publicada, UCB.
Anónimo (2010). Mémento de l'agronome, P.691 - 1254 éd. Quae, Montpellier - França.
Arhent C., Cramer H. H., Mogk M. & Peshel H. (1983). Impacto económico das perdas de colheitas. 10º Congresso Internacional de Proteção das Plantas. 10 a 25 de novembro de 1983. 1: 65 - 73.

Arraudeau M. (1998). Arroz de regadio. Maisonneuve & Larousse, Paris. 656 p.
Arraudeau, M.A. e Vergara, B.S. (2018). Uma cartilha do agricultor sobre o cultivo de arroz de terras altas. Los Baños, Filipinas, IRRI. 95 páginas.

Attikou, A. (2014). Suivi de la fertilité des sols des aménagements hydro-agricoles : Cas des périmètres rizicoles de Bonféba et Lata. Niamey, Office National des Aménagements Hydro- agricoles. 39pp. Akintayo I., Cissé B., e L. D. Zadji. 2008. Guide pratique de la culture des NERICA de plateau. Cotonou,

Benin: Centro Africano do Arroz (WARDA), 36pp.

Awinakai J. (1998). Relatório de estágio de descoberta de um meio humano. Universidade de Dschang. 42 p.

Awoderu V. A. (1991). A situação do vírus do míldio amarelo do arroz na África Ocidental. Tropical pest management 37: 356-362.

Bamba, B. (2015). Contribuição para a avaliação das perdas devidas à explosão do arroz. Dissertação, Universidade de Ouagadougou. 51 p.

Barker, R. & Herdt, R.W. (2016). Rainfed lowland rice as a research priority - an economist's view. Em Rainfed lowland rice, pp. 3-50. Los Baños, Filipinas, IRRI.

Beauvilain A. (2011). Notas sobre as cidades da província do Norte. Revue de Géographie du Cameroun, 2 (1): 25-32.

Beckage N.E. (1985). Interações endócrinas entre insectos endoparasitas e os seus hospedeiros. Revista Anual de Entomologia 30: 371-413.

Bénech V., Quensière J., Vidy G., (2012). Hidrologia e físico-química das águas da planície de inundação do Norte dos Camarões. Cah. Orstom, ser. Hydrol, 19 (1): 15-36.

Bessong à Beyeck, L. (2006). Potencial de comércio entre os Camarões e os seus parceiros fronteiriços. Mémoire d'Ingénieur d'Application de la Statistique, option gestion. Instituto Sul-Regional de Estatística e Economia Aplicada (I.S.S.E.A).

Bhan, V.M. (2016). Relação entre caracteres de crescimento e rendimento em arroz de terras altas. Riso, 15: 229-232.

Bhan, V.M. (2018). Influência do espaçamento entre linhas no arroz de terras altas. Riso, 17(2): 149-154.

Blache J., Miton F. (2011). Première contribution à la connaissance de la pêche dans le bassin hydrographique Logone-Chari-lac Tchad. Paris, ORSTOM, Mémoire n° 4, 143 p.

Billon B., Bouchardeau A., Roche M., Rodier J. (2015). Monographie hydrologique du Logone. Paris, Orstom, 8 vols, 770 p.

Biscaldi R. (2014). Hidrologia do lençol freático de Logone-Chari-Chad. BRGM, Relatório 70-Yao-003.

Biswas, A. K., Islam, A., Nayek, B. & Choudhuri, M.A. (2017). Suscetibilidade induzida por estresse hídrico a pragas em plantas de arroz (Oryza sativa). Biólogo indiano 14 (1): 13 - 20.

Bouafia A, 2002, La rousse agricole: 755 pp.

Bouchardeau A. (2015). Monographie hydrologique du Logone. Paris, Orstom, 8 vols, 770 p.

Bouman, B. A. M. & Tuong P. (2011). Gestão da água no campo para poupar água e aumentar a sua produtividade na agricultura de arroz irrigado gestão da água 49 (1), 11-30.

CBLT. (2016). Estudos dos recursos hídricos na Bacia do Lago Chade, com vista a um programa de desenvolvimento. In: Recursos hídricos subterrâneos na Bacia do Lago Chade, LCBC, Camarões, Níger, Nigéria, Chade, PNUD, Roma FAO.

Cessouma A. (2008). L'agriculture irriguée et perspective et l'économie d'eau au Mali 67pp.

CIRAD-GRET, (2009). MEMENTO de l'agronome, Nova edição, Ministère des affaires étrangères (França) Pp799-811.

Christian Seignobos & Olivier Iyébi-Mandjek, (2005). Atlas da província extramuros do Norte dos Camarões, Paris, IRD Éditions, 171 p

CTA. (1995). Integração do controlo biológico e da resistência das plantas hospedeiras. Actas de um seminário CTA/IAR/IIBC. Adis Abeba, Etiópia, 9-14 de outubro de 1995. 383 p.

Dakouo, D., Nacro, S. (2018). Desenvolvimento de um sistema racional de gestão de pragas de insectos em campos de arroz SEMRY. Insect. Sc. Appl. 15 (5/6): 565- 570.

De Datta, S.K. & Feur, R. (2017). Solos em que o arroz de terras altas é cultivado. Em Major research in upland rice, pp. 27-39. Los Baños, Filipinas, IRRI.

De Datta, S.K. & Vergara, B.S. (2017). Clima das regiões de arroz de terras altas. Em Major research in upland rice, pp. 14-26. Los Baños, Filipinas, IRRI.

Decraene P. (2017). Lettre de Maroua: l'ombre portée du Nigeria. Le Monde, 29 a 29 de julho de 2014: 8.

De Groot, I. (1996). Proteção dos cereais leguminosos armazenados. CTA. Agrodoc18: 3-45. Delseny M. (2016). Arroz, um modelo em genómica. Biofutur 203, 30-35.

Delvare G. & Aberlenc P. 1989. Insectos de África e da América Tropical. Clé pour la reconnaissance des familles. 297 p.

Denham M. (2014). Voyages et découvertes dans le nord et les parties centrales de l'Afrique, exécutés pendant les années 1822, 1823 et 1824. Trad. Eyries et de la Renaudiere, Paris, A. Bertrand, 3 vols. 367 p., 379 p., 428 p.

Diaz, OL (2009). Alterações climáticas, pobreza e transportes nas cidades a sul do Saara. Université Cheick Anta Diop, 310p.

Dobelmainn J.P. (2010). Rizicultura prática. Riz pluvial. Técnicas vivas. Agência de Cooperação Cultural e Técnica. Presses universitaires de France, Paris; França.

Dubreuil P. (2015). Étude des inondes sur un petit bassin de la région de Maroua, Nord- Cameroun. Paris, ORSTOM, Annuaire hydrologique de la France d'Outre-Mer: 15-27.

Durand J. R. & Lévêque C. (2015). Flora e fauna aquáticas da África sahelo-sudanesa. Paris, Orstom, IDT 45, 484 p.

Engola-Oyep J. (1991). Assurer la survie des périmètres hydro rizicoles à l'heure l'ajustement structurel. Cahier des Sciences Humaines 27: 53-63

Espírito WARDA. (2004). O Centro Africano do Arroz. Jornal da WARDA 5: 2 - 4. FAO. (2000). Rice. FAO. Boletim Estatístico 1: 20-73.

FAO. (2001). Anuário Estatístico; www.fao.org. 31/03/2017. FAO. (2002). Anuário estatístico da produção 56 :175-176.

FAO. (2004). Cimeira Extraordinária dos Chefes de Estado e de Governo da União Africana sobre o Emprego e a Redução da Pobreza em África. Situação da agricultura e das populações rurais em África.

FAO. (2011). O estado da insegurança alimentar no mundo. Como a volatilidade dos preços internacionais afecta a economia e a segurança alimentar dos países. Roma 62 p.

FAO. (2013). Rice. FAO. Boletim Estatístico 2: 2-10.

FAO. (2014). FAO. Boletim Estatístico 1: 24-54.

FAO. (2017). Sistemas melhorados de cultivo de arroz de sequeiro, Roma.

FAO. (2018). Anuário Estatístico; www.fao.org.

Fritsch P., (2013). Aspectos geológicos das planícies aluviais do norte dos Camarões. Guigaz M. (2000). Mémento de l'agronome. CIRAD GRET, Paris. 1690 p.

Guillard J. (2015). Estudos e trabalhos sobre a pesca na bacia camaronesa de Logone. Garoua, Archiv. de l'Inspection forestière du Nord.

Guiscafre J. (2016). Influence des aménagements anti-érosifs sur l'écoulement des mayos Kapsiki - Bassins versants de Mogodé. Yaounde, Orstom-Ircam, 40 p., gráficos.

Gupta, P.C. & O'Toole, J.C. (2018). Arroz de terras altas - perspetiva global. Los Baños, Filipinas, IRRI. p. 1; 63-68; 306-310.

Hamadoun A. & Traoré (1997). Situação da mancha de arroz no Mali: o caso do Office du Niger. Pp 20-22 In: Simpósio Internacional do Vírus da Mancha Amarela do Arroz (18-22 de setembro de 1997). M'bé/ Bouaké, Costa do Marfim.

Hanks, J. (2006). Mitigação do conflito entre humanos e elefantes na Área de Conservação Transfronteiriça de Kavango-Zambeze, através do Problema Baseado na Comunidade Controlo de Animais, com particular referência ao uso de malaguetas. Relatório preparado pela Conservation International.

Hirsch, R. (2018). Arrozicultura africana: importância e questões (arroz e políticas de arroz na África Ocidental e na zona PSI/CORAF). In Pour un développement durable de l'agriculture irriguée dans la zone Soudano-Sahélienne : Synthèse des résultats du Pôle régional de Recherche sur les systèmes irrigués (PSI/CORAF), Actas do Seminário de Dakar (Senegal) de 30 de novembro a 3 de dezembro de 1999, CIRAD/CF/CTA.

Hugon Ph. (2014). Sectores agrícolas e políticas macroeconómicas. In Benoit-Cattin M, Griffon M, Guillaumont P, éditions économie des politiques agricoles dans les pays en développement, les aspects macroéconomiques, Paris, revue française d'économie.

Huke R.E. & Huke E.H. (1990). Rice. Then and now. Manila, Instituto Internacional de Investigação do Arroz 1: 1- 44.

IITA (Instituto Internacional de Agricultura Tropical). (1987). Relatório anual para 1987. IITA, Ibadan. 160 p.

IITA (Instituto Internacional de Agricultura Tropical). (2000). Relatório Anual e Atualização da Investigação 2000. IITA, Ibadan. 145 p.

IITA (Instituto Internacional de Agricultura Tropical). (2013). Relatório anual e atualização da investigação 2013. IITA, Ibadan. 192 p.

Ingram, W. R. (2016). Controlo biológico de brocas de caule de gramíneas e brocas de vagens de leguminosas. Insectos. Sei. Appl, 4 (1/2). Pp 205-209.

IRRI (Instituto Internacional de Investigação do Arroz). (1997). Relatório anual. IRRI, Manila. 90 p.

IRRI (Instituto Internacional de Investigação do Arroz). (2015). Problemas na cultura do arroz. Guia de identificação, segunda edição. Manila Filipinas. Pp :71-79.

IRRI. (2017). Factos sobre o arroz. Los Baños, Filipinas. Manila. 87 p.

IRRI. (2018). Inquérito genético internacional sobre arroz de terras altas. Los Baños, Filipinas. Manila. 45 p.

Issoufou, A. & Issa, G. (2006). Determinação das superfícies e estimativa da produção de arroz em ambientes hidroagrícolas. Relatório de estudo. Niamey, Programme d'Appui à la Filière Riz. 43 pp.

Johnson, D.E. (2017). Les adventices en riziculture en Afrique de J'Ouest, WARDA, Bouaké (Cote -d'Ivoire), PP: 1-2.

Kaung V. T., John & Alam. (1985). Rice production in Africa: an over view, in Rice Improvement Eastern, central and southern Africa. Pp 7-27 In: Procedimentos do workshop internacional sobre o arroz. Instituto Internacional de Investigação do Arroz, Filipinas.

Matsushima S. (2016). Crop Science in rice, theory of yield determination and its application. Fuji Publishing Co, Ltd, edit.3.

Migabo, K. (2009). Essai d'introduction de six variétés de riz irrigué dans les conditions edapho climatiques de la plaine de la Ruzizi. Dissertação não publicada da UCB: 51 pp.

Misra, R.K. Mathur, S.C. & Chaudhary, R.C. (2016). Criação de variedades de arroz resistentes a doenças. No Simpósio Nacional sobre o Aumento do Rendimento do Arroz em Kharif, pp. 95-114. Cuttack, Índia, Instituto Central de Investigação do Arroz.

Monty P. Jones. (2016). A planta do arroz e o seu ambiente. Guia de formação ADRA0, Bouaké (Cote d'Ivoire), n034: 28 p.

Moormann, F.R. (2016). Avaliação geral das terras em que o arroz é cultivado na África Ocidental. Documento apresentado no Seminário sobre Fertilidade do Solo do Arroz e Utilização de Fertilizantes, 22-27 de janeiro de 2016. Monróvia, Libéria, Associação para o Desenvolvimento do Arroz na África Ocidental.

Mukhopadhya, S.K., Ghosh B.S. & Maity, H. (2014). Problema de ervas daninhas em terras altas arroz e abordagens para resolver o problema com o uso de novos herbicidas. Oryza, 8: 269-274.

Niyondagara, T. (1984). Contribution à la sélection du riz pour un environnement pluvial. Dissertação, FACAGRO, U.B, Bujumbura: 112pp.

Noëlle Terpend (2017). Um guia prático para a abordagem da cadeia de valor. O caso do abastecimento e distribuição de alimentos nas cidades. Coleção "aliments dans les villes", 39 páginas.

Nwilene F. E. (2000). Destaques das Actividades da WARDA. Relatório Anual da WARDA 2000, WARDA, Bouaké. 30 p.

Paul Ondo Ovono, Thaddée Gatarasi, Daniel Obame Minko, Drice Miyoumbi Koumagoye & Claire Kevers (2014). Estudo da dinâmica populacional de insectos na cultura de arroz NERICA em condições Masuku, Sudeste do Gabão (Franceville). Int. J. Biol. Chem. Sci. 8 (1): 218-236, fevereiro de 2014. ISSN 1997-342X (Online), ISSN 1991-8631 (Impresso).

Rao, M.V. (2016). Aumentar o rendimento do arroz em terras altas. Intensive

Agric, 16: 4-7.

Rao, C.N. & Murty, K.S. (2015). Efeito da aplicação dividida de nitrogênio na sobrevivência do perfilho e no rendimento do arroz de terras altas com semeadura direta. Indian J. Agric. Sci. 45: 183-185.

Rosenfeld M.F. (2017). Estimando o rendimento das culturas usando o método de corte de amostra. In : Économie rurale. N°18. pp. 25-28.

Roupsard M. (2015). Norte dos Camarões, abertura e desenvolvimento. Coutances, Impr. C. Bellee, 516 p.

Roy, J.K., Israel, P. & Panwar, M.S. (2016). Criação de resistência a insectos para o arroz. Oryza, 6: 38-44.

Sadou I., Woin N., Ghogomu T.R. e Hamasselbe A. (2013). Inventário de predadores e parasitoides de insectos pragas de arroz na região do extremo norte dos Camarões. GBS Publishers & Distributors (Índia), Indian Journal of Applied Agriculture Research. http: //www. gbspublisher. com/Volume/ijaarv1n1.htm.

Sadou I., Woin N., Ghogomu T.R. e Hamasselbe A. (2013). O inventário de pragas de insectos e vectores do vírus da mancha amarela do arroz em ecossistemas de arroz na região do Extremo Norte dos Camarões. GBS Publishers & Distributors (Índia), Indian Journal of Applied Agriculture Research. http://www.gbspublisher.com/Volume/ijaarv1n1.htm.

Sadou I. (2011). Inventário dos insectos vectores do vírus da mancha amarela do arroz nos ecossistemas de arroz do Extremo Norte dos Camarões. Livro. Editions universitaires européennes, 2011, 84 p. ISBN: 978-613-1-58823-5. Schaltungsdienst Lange, Berlim, Alemanha. www.thebookedition.com /inventaire - des - insectes - vecteurs - sadou- ismael - p-66593. html ou www.ecochimp.com/ inventaire-des-insectes-vecteurs-du-virus-de-la-panachure-jaune-du-riz-sadou-ismael--p-36750.html.

Sadou I., Woin N., Ghogomu T.R. & Djonmaila (2008). Inventário de insectos pragas e vectores da mancha amarela do arroz nas áreas irrigadas de Maga (Extremo Norte). Tropicultura, Vol. 26, No. 2, 2008, pp. 84-88.

Schalbroeck, J.J. (2001). Arroz: 85-105 In: Raemakers, R.JH. (Ed): Agriculture en Afrique Tropical. D.G.C.I., Rue de petits carmes, Bruxelas, Bélgica :1634PP.

Schalbroeck J.J. (2001). Plantas de cereais. Agricultura na África Tropical 1: 10-169.

Schalbroeck J. J. (2016). Arroz. In: Agriculture in Tropical Africa. Ministério dos Negócios Estrangeiros do Comércio Externo e da Cooperação Internacional, Bruxelas, Bélgica, p. 99 - 105.

Sebillotte M. (2016). Agronomia e agricultura. Essai d'analyse des taches de l'agronome, Cah. ORSTOM, ser. Biol, (24).

Seignobos C. (2015). L'arbre et la cite dans la zone soudano-sahélienne (les exemples du Tchad et du Cameroun septentrional). Yaounde, Rev. de Géogr. du Cameroun, 2 (1): 49-52.

Sere, Y. & Eble S. (2017). Produção e investigação do arroz no Burkina Faso. Relatório apresentado na sessão da comissão internacional do arroz realizada em GOIANA, Brasil, 4-9 de fevereiro de 1990. 25 p.

Sie M., Kabore K. B., Dakouo D., Dembele Y., Sedga Z., Bado B. V., Ouedraogo M., Moukoumbi Y. D., Ban. M. & A. Traore. (2006). Fiches techniques des quatre nouvelles variétés de riz de type NERICA pour la riziculture de bas-fond / irriguée au Burkina Faso : FKR 56 N, FKR 58 N, FKR 60 N, FKR 62 N. INERA, Bobo Dioulasso. Burkina Faso, 5 p.

Singh, R.K. & Singh, C.V. (2016). Relatório anual de 2016 da Estação Central de Investigação de Arroz de Terras Altas com Chuva. Hazaribagh, Índia, ICAR.

Singh, G.R, Parihar S.S. & Chaure (2017). Resposta de adubos orgânicos numa sequência de culturas de arroz (Oryza sativa) - Grão-de-bico (Cicer arietinum).

Taxonomia do género Oryza (Poaceae): Boletim Internacional de Investigação sobre o Arroz 24 (3): 24 - 25.

Sukmana, S. & Suwardjo, H. (2017). Perspectivas de medidas vegetativas de conservação do solo para a agricultura sustentável de terras altas. IARD J., 13 (1-2): 1-7.

Tran, D.V. (2016). Visão geral do arroz de terras altas no mundo. Em Progress in Upland Rice Research, pp. 51-66. Los Baños, Filipinas, IRRI.

Departamento de Agricultura dos Estados Unidos (USDA). (2014). Serviço nacional de estatísticas agrícolas, estatísticas agrícolas 2014, escritório de impressão do governo dos Estados Unidos, Washington: 2014

Vaughan, D. A., Morishima, H. & Kadowaki, K. (2003). Diversidade no género Oryza. Current Opinion in Plant Biology, 6: 139-146.

Vermura, Y. & Mayasaka, A. (2018). Causas da diminuição do rendimento do arroz resultante da cultura de semeadura direta contínua e sua relação com a nutrição de fósforo. Proc. Crop Sci. Soc. Japan, 42 : 116-122.

WARDA (2006). Relatório de Progresso 2003-2005 sobre a hibridação interespecífica conjunta entre espécies de arroz africanas e asiáticas (Oryza glaberrima e O. sativa), P. 151. Cotonou, Benim.

Zadia, H, C. (2016). Analyse de la compétitive dans la gestion de la diversité variétale de riz dans la plaine de la Ruzizi (cas de lubarika, luberizi, et kiringye), dissertação não publicada UCB: 40pp.

Zhang, Y. (2004). Factores que afectam a decisão das explorações agrícolas chinesas de adaptar uma tecnologia de poupança de água. Can.j. agric. econ. 56, 61pp.

More Books!
yes
I want morebooks!
Buy your books fast and straightforward online - at one of world's fastest growing online book stores! Environmentally sound due to Print-on-Demand technologies.
Buy your books online at
www.morebooks.shop
Compre os seus livros mais rápido e diretamente na internet, em uma das livrarias on-line com o maior crescimento no mundo! Produção que protege o meio ambiente através das tecnologias de impressão sob demanda.
Compre os seus livros on-line em
www.morebooks.shop
info@omniscriptum.com
www.omniscriptum.com
OMNIScriptum

FSC
www.fsc.org
MIX
Papier aus verantwortungsvollen Quellen
Paper from responsible sources
FSC® C105338

Printed by Books on Demand GmbH, Norderstedt / Germany